Gilbert Akotognon

Malices Délices de la Plume Noire

Gilbert Akotognon

Malices Délices de la Plume Noire

Éditions Muse

Cover image: www.ingimage.com

Publisher:
Éditions Muse
is a trademark of
International Book Market Service Ltd., member of OmniScriptum Publishing Group
17 Meldrum Street, Beau Bassin 71504, Mauritius

Printed at: see last page
ISBN: 978-620-2-29618-2

Malices Délices
De
La Plume Noire

AKOTOGNON MARIE GILBERT alias Nick's Dichter

Mes mots

En vers comme en prose

J'offre des fleurs des roses

Aux syllabes et aux mots

Je déclare ma flamme pour défaire mes maux

J'ai toujours le verbe à mes lèvres même quand je manque de mots

J'écris à ma personne, mais je pense aussi aux *jumeaux*

Sous ma langue, il y'a des thérapeutiques mots

Les mots de ma *Langue* sauvent des maux

Voici la lèvre noire à la parole sacrée !

À la parole qui donne vie

À la parole qui trouble le séjour des morts

À la parole qui commande la foudre...

EXISTENCE

Sous la langue dorment des cadavres

Fée tombe en transe sous les pas du géant Iroko dans le jardin de verdure

Commence alors la bataille des anges au képi

Quand l'estomac du roc pleure le sang

L'eau devient limpide dans les vomissures

De la poussière

Liquide rouge

Un bouchon, un plant, puis un Iroko

Voilà une histoire qui prend chair

La plume,

Mes pères la considèrent comme une rose à l'aurore
Toute belle et pourvue d'une valeur d'or
Lisant celle- ci, les jaunes, les blancs et les noires
S'enflamment d'émotion douce voire
Amère.
Certains y dénichent mal et malheur.
D'autres y savent honneur et bonheur.

La plume,

Mes pères la considèrent comme une colombe
Toute lumineuse qu'une Colombe
Dissipant dans l'esprit humain révolte et violence
Elle ancre dans le cœur humain tolérance et bienveillance
Ainsi tout le monde, uni, devient une famille
Peinard telle une chenille.

La plume,

Mes pères la prennent pour une épée
Tranchante que la lame de verre
Coupant les arbres non fruitiers mauvais
Permettant, sans obstacle, de valoriser
La race dont le territoire est de température chaude

Elle éveille la conscience, à travers une Ode

De leurs fiers artisans

La plume,

Aujourd'hui, ses détenteurs font d'elle un champs d'immoralisme

On y lit désormais la pratique de la sexualité

Sous d'autres angles illicites. Sans aucune pudeur, sans aucune moralité

Ils exposent la Femme Noire, autrefois célébrée, pour le mercantilisme

Malheur à Ceux qui la présentent vicieusement

LE POÈTE

La mort, pour lui, n'existe guère

Parce qu'il nourrit tout comme une mère

La sainte plume

Les voix à travers des hymnes

Proclament les jours du temps ses hommages

Son illustre image

Ne tombe point dans l'oubli

Même si la fatalité jalouse lie

Sa vie à la mort

Les siens ne connaissent jamais le remord

Le poète a une vie perpétuelle

Le fruit de la tienne plume est éternelle

La joie,

Il ne demeure toujours pas dans cette voie

Mais les circonstances sont maître de son état d'âme

Il donne tantôt cours à la nature

Il célèbre tantôt une créature

Et ses efforts réservent aux forts dans le futur

Une glace leur présentant une figure

D'ardeur et d'audace

Le regard du néant

Les mains tachées du sang de *son propre sang*

Sur l'écran de l'imagination

Les pieds imbibés de sang, c'est *le sang de sa vie*

Sur l'écran de l'imagination !

I

Sur l'écran de l'imagination, une houle de silence

À l'heure décisive. Puis un grand *Uproar* sans licence

C'était le choix fait, le Messie tant attendu...

Prémices du changement, Ère de rupture attendue

Le complot avait assené dix coups de marteau

La couleur de circonstance sortit vaincue très tôt

L'espoir de pérenniser les vices sources de gain facile

L'espoir de sucer la moelle des os étatiques pour la famille

Hommes noirs désappointés Espoirs dépecés...

Kaïdara s'était mis à la tâche déjà au levant

Marécages drainés, collines et montagnes aplaties

Gloire honneur à la machine aux dents de vampire

Bravo à la petite balance dure made in *Nimbé*

Désormais les yeux parcourent sans trêve les vires

Désormais les affaires louches des années sont mesurées

La ruche agonie de cri y voit l'austérité

Mais le dandy des TIC est détecté et incarcéré...

C'est aussi un exploit aux oreilles du peuple flatté !

Un peuple pâle au bal de la Cassure

Un peuple efflanqué à bout de souffle sous le poids de la Censure

Un peuple affamé d'une même recette, la justice !

Il fait chaleur dans le ventre du peuple brouillé avec l'injustice

C'est l'intérieur du peuple qui gargouille ...

La saveur de l'espoir, c'est de la quinine à boire, on côtoie l'illusion

II

Sur l'écran de l'imagination, les échos de l'alarme !

C'est l'heure de l'épidémie qui gangrène *les plaies* d'Afrique...

Par ici, la plaie bien pansée ignore cette épidémie dramatique

Archétype à imiter, elles autres la convoitent avec *Armes*

Contraste ! La plaie délabrée, obscure, empuantie de senteurs

Ec urantes, de hideuses sentines, devient répugnante...

Schéma reproduit avec innovation

Pas besoin de mille bergers pour un troupeau de mille têtes !

Pas besoin de ces bergers désireux paître deux troupeaux à la fois !

Hâbleurs à la gueule, fanfarons doués écartés de la lutte pour les sièges

Deux bergers de la même famille pour le troupeau du *Nimbé*

C'est le verdict ! Cette vérité qui rougit le ch ur du *Nimbé...*

Peuple à la langue ligotée, peuple dépourvu de force, peuple faible

Ce peuple faible n'est pas toujours faible

Sa force, c'est la décision de rester chez lui ! Le scrutin est vide...

Nul choc, du conclave le *muto proprio* est émis dans le vide

Les *arbitres* sont connus pour les escabeaux parlementaires

Plumes Radio confessent aucun sang en péril aucun corps par terre

De l'autre côté, la langue confesse des cadavres *pater noster*

Gisant dans une mare de sang...

À Dantokpa, il y a une lutte sénégalaise

Les anciennes couronnes, c'est l'expression de leur malaise

Le malaise qui appelle la révolte du peuple

Aquilon fait chemin Terre tremble Ciel se déchire

Puis il pleut du plomb, il pleut de l'eau chaude

Règne de la Stichomythie, Règne des pas trépidants

C'est la folie de la ville mère !

Les dames sont athlètes

Les rejetons vont plus vite que *Bold*

Les corps jaunes abandonnent la clientèle pour la famille

La rue gémit la fumée embrasse les nuées

C'est la voix de la terre noire qui parle

C'est la voix de la terre blanche qui parle

Plaidoyer ou Réquisitoire !

Dans la gueule du monde*, il coule le j'accuse*

Les Chiens clabaudeurs en vogue dans la Cité

Les Loups grogneurs en symphonie dans la République

Voilà debout le coq de la basse-cour

Demeurant inébranlable comme un rocher au milieu des glottes aigües.

III

Sur l'écran de l'imagination, les actes de l'apôtre

Quand passe la petite balance, c’est la Prison qui féconde

Quand passe la petite balance, c’est l'Exil qui embrasse les patriotes

Quand passe la petite balance, la plume cesse d'être une épée

Source d'encre tarie, c urs meurtris

Les Aèdes sont sans parole, les comédiens sont sans rôle

La fiction n'a plus de regard pour le fait social

Les murs sont toutes immaculées

Les quotidiens sont tous vides d'audace

Ils n'ont le verbe que pour proclamer *sa gloire...*

Mais voilà la sensibilité du regard du Néant

Qui prend corps

Au milieu du feu de ce mutisme par excellence

Un bras s'élève, une plume sur un tableau, une voix dans ce désert

Les mains tachées du sang de *son propre sang*

Sur l'écran de l'imagination

Les pieds imbibés de sang, c'est *le sang de sa vie*

Sur l'écran de l'imagination !

C'est un mal mais un mal nécessaire pour *l'Adogocratie*

Le tremplin commun des Politiques paralysant la Démocratie...

Ils viennent au trône à travers les *Koumanba*

Recevant l'aumône, peuple muet aveuglé crie Victoire

Une génération sacrifiée sur l'autel des vices du Territoire

Une jeunesse éduquée à la lumière du Vice pour pérenniser ce Mal

S'ouvre la porte de l'animosité et la conscience habite lointain les Champs

La nuit étanche sa soif de sang, le jour pleure le mal

Tandis que *Adogocrates* savourent gaiement le champ'

Au pied de l'Été, je traverse le printemps avec un sourire

Quand je sais qu'en hiver la véritable *Justice* va s'ouvrir

Et personne pour la franchir

Les vies seront poussières

Du malice au délice au sein du calme

Les voici plaintifs plaintives la misère à la main
Les voici haineux haineuses la haine dans le sein
Les cris aux abois manquent le bout du tunnel
Ils sont la bouche affamée
Ils sont le lionceau égaré
Personne ne saura arrêter la lionne
La lionne fait déjà son bout de chemin
En quête de son petit entre les griffes
assassins...

Les voici plaintifs plaintives la misère à la main
Les voici haineux haineuses la haine dans le sein
Les cris aux abois manquent le bout du tunnel
Ils sont la femme en travail
Les douleurs sont supplice tourmente
La femme a habité sous le toit des délices
La femme avec patience subit les malices
De l'heure fatidique toute seule
Très bientôt la délivrance ...

Les voici plaintifs plaintives la misère à la main
Les voici haineux haineuses la haine dans le sein
Les cris aux abois manquent le bout du tunnel

Victime de pollution nocturne
Avec colis de merdes des quenailles
Avec sac de salauderies des canailles
Plus serein que l'aube naissante
Il se purifie face comme cœur
Devient limpide et tranquille...

Les voici plaintifs plaintives la misère à la main
Les voici haineux haineuses la haine dans le sein
Les cris aux abois manquent le bout du tunnel
Ils sont le jour ils sont la nuit
Nulle volonté nulle force ne tient
La nuit tombe quand sonne l'heure
Le jour se lève quand sonne l'heure
Elle tombera toujours il se lèvera toujours

Les voici plaintifs plaintives la misère à la main
Les voici haineux haineuses la haine dans le sein
Les cris aux abois manquent le bout du tunnel
Ils sont les feuilles piétinées
Par des pieds noires dans leur propre plantation
Exhalant de la fumée par les narines
Rencontre feuilles flamme par erreur
C'est le feu, c'est la révolte vengeance

Les voici plaintifs plaintives la misère à la main
Les voici haineux haineuses la haine dans le sein
Les cris aux abois manquent le bout du tunnel
Ils sont la terre ils sont le sable
Les fossoyeurs tortionnaires
Font des plaies sur la peau d'ébène
Plus faible que le sein d'une vieille mère
Elle observe ironique sans parole
Ils seront suffoqués par les effluves
Vénéneuses de ses plaies
Le sable sera la couverture quand ils seront
étouffés

Peau Noire, Cœur Noir...

Le béni des noirs est trop noir pour être limpide

Le béni des noirs est trop obscur pour être lucide

Sang noir, Âme noire, pensée noire

Là-bas, la fichaise est fixée sur les figures des nécessiteux pauvres

On n'y Coupe plus d'importance à l'affaire qui requiert une main d'œuvre

Huit heures de travail réduites à cinq heures

Le béni des noirs observe encore

Un temps de repos

Mine asséchée, il reçoit l'hôte enclin aux besoins

Sous l'influence du béni des noirs, la poche parle néanmoins

Dans toutes les langues et dégobille des papiers tricolores

Parce que le béni des noirs déteste le rouge, vénère le feuillet

Bleu-Vert-Violet

Cette biome porte un masque obscur

Effets, elle va plus lentement que la tortue

Il lui faut des Années pour authentifier diplômes obtenus outre-aire

Il lui faut un Siècle pour donner à qui de droit l'Aumône universitaire

Veines Artères pleines de sang noir

Incapable de mettre les pieds sur les railles

Pour voir le coq portant la lumière du jour

Les fleurs peaux fanées

Au bout de l'autre rive une génération debout

C'est ma vie ma jeunesse

Fleurs peaux fanées à l'âge de l'orge germant

C'est ma vie ma jeunesse, un plant ridé asséché

Les pieds sur la houlette, ma jeunesse pas hâtés

Va plus vite que l'allure du temps

C'est ma vie ma jeunesse, les yeux dans *les ondes*

Cagoulée d'haillons *destroy*

Âme indifférente du péril couru

Célèbre le culte du dévergondage déliquescence

Au bout de l'autre rive une génération debout

Qui coule au fond de l'océan

Child labor

Esclavage de la rime

Tu n'es ni esclavage des passions

Tu n'es ni esclavage de l'amour

Negros hait quoique tu l'aies

Negros rejette quoiqu'il t'ait

Sur le dos

Negros blâme quoiqu'il t'ait

Dans les os

Ceint de tablier, negros frottait

Foire de simagrées, le singe amusait

Supplices de la chair

On attendait gémir les plantations aux enfers

Esclavage de la rime, negros ne t'aime pas

Mais tu coules toujours dans ses pas

À geule de plume épée le vautour a disparu

Plaidoirie ou front pour la liberté, le vautour a perdu

La civilisation fluide ruisselle encore sur les trottoirs

Et grâces et revers habitent les toits noirs

Avec habileté, on te célèbre toi autrefois haï

Voilà les beaux rejetons dans les chantiers

Voilà les beaux rejetons sur les trottoirs du marché noir

Ils seront de grands ingénieurs demain

Ils seront de braves commerçants demain

Qu'y a-t-il de mal... Negros en rire aux éclats

Ils sont des quémandeurs au soir du jour

Pour le garant du droit de l'estomac de retour

Voilà les filles nubiles coincées entre quatre murs

Elles sont les cuisinières mûres

Elles sont des machines à laver, à frotter , à essuyer

Au soir venu, on jette un regard pour s'assurer

Que tout est accompli sans erreur

On s'enfle d'honneur pendant qu'on tort le cou aux plants

On s'enfle d'orgueil pendant que l'honneur

Des victimes enfouie demeure sans vent

L' orge nue

Orge nue orge vêtue

Dans ton lit terre grasse noire

Au printemps ta sombre verdure

Plaît aux yeux du monde noir

Femme fertile nourrie d'engrais verts

Sans craindre ni arbres ni pierres

Orge nue orge vêtue foisonne vers

L'Occident à l'Orient, Hautain fiers

Cul-terreux s'enfle d'orgueil.

Le silence du désappointement ovule des cécités

Nocturnes comme du jour. La vision excentrique de l'œil

S'éteint pesamment emmuré dans les cités

Quand l'orge nue l'orge vêtue s'altère en orge jaune

Au solstice d'été. La misère des os sans eaux

Foisonne de grands émois dans ce monde de faunes

Où le gong du sac à parole bégaie dans le chaud .

Aux carrefours de ville la caravane aux étendards bicolores

Emmi la ville le spectacle de défilé des corps jaunes

Une populace de cent têtes pour milliers de caisses jaunes

Ils sont les élites ils sont les leaders à éclore

Et la peau d'âne marqué du sceau académique

Ruisselle au fond de l'armoire.

Besoin des sages pour nourrir l'Immaculée *moi*

On arrive au seuil du test diagnostic

Les jeunes diplômés accourent

Tandis que l'échec pleure le succès sourire

Ni anomalies ni erreurs en cours

L'échec doit s'offrir le succès doit s'ouvrir

Le silence étrangle les uns sans charge emmi les réussites

La chaleur étouffe les autres avec charge emmi les réussites

Loan ne tombe ni à temps ni à *l'aune*

On devient *Créditaire* sans le vouloir

Les créditeurs s'enflamment de colère de bonne poire

Médisent doucement à un rythme mesuré de leur rone .

Besoin de légionnaires pour la sécurité de la Petite famille

On arrive au tribunal de l'appel à candidatures

Hommes comme Femmes sans distinction attendus

Intellectuels comme analphabètes sans failles

Légibles d'y prendre part.

Par ici comme ailleurs, s'enrôler dans la milice

Par ici comme ailleurs, devenir maître du savoir

C'est la clef du manger, c'est la clef du boire

Pour se dérober de la faim et de ses malices.

Vent ennemi

Si le feu a pour ennemi l'eau

Si le froid est l'ennemi du chaud

L'humanité a pour ennemi juré le vent ennemi

Maladie , premier et dernier ennemi du bien

Cynique tortionnaire des humains

Bête sauvage de tout temps mourant de jalousie

Femme au cœur qui ne désire que le mal

Dis-moi l'offense de l'humanité qui a mûri ta haine

Dis-moi pourquoi tu hais l'homme et tu aimes la peine

Maladie, tu es sans conscience . Sans état d'âme

Tu travailles toujours à ruiner les âmes

Te plais- tu dans ton travail, cher employé de la mort ?

A ta place, j'embrasserais volontier le chômage

Pleine de bontés, l'humanité me traiterais comme un mage

J'accepterais le salaire gratifié sans aucun remord

Mais, je sais que tu ne comprendra jamais...

Charognard rapace, toujours assoiffé de la chair

Tu es sans lasse prête à faire le lit de l'humanité

Les uns avilis qui grincent douleurs

Incapables d'assurer leur gagne-pain

Cessent d'être pour la famille le gagne-pain

Les autres ployant sous ton fardeau des heures

Vident leur compte en banque...

Les corps blancs s'efforcent à défendre les siens

Cheminant péniblement sur le *bank*

De ton fleuve enfer agonique du dédain...

Au diable ! Maître employeur et employé

Quand ton employeur viendra asseoir son règne

Malheureux , tu resteras un peigne-

Cul. Les miens que tu auras envoyé

Dans l'au-delà seront pépères

En présence de leur miséricorde père

Métamorphose

Elles furent jadis

Elles sont parties au pays du grand repos aujourd'hui

Loin de la terre, elles sont. Ces femmes, femmes Noires vertueuses !

Ces femmes, femmes Africaines merveilleuses !

Plus jamais nous les verrons

Car La Belle Créature de Dieu existe seulement de nichons

Cette métamorphose de l'être humain

A doté ces sublimes Mains

Qu'on pouvait demander hier encore en mariage

D'un ardent libertinage

(...) Plus de femmes Sages pour demain

Quand toutes nues dans les ruelles

Elles mènent une vie de plaisir derrière les murailles

Quand je réalise que le temple du Seigneur, autrefois

Dont la pureté laisse transparaître leur authentique foi

Est devenu l'unique refuge du SEXE

Quand je me rends compte que les filles nubiles s'adonnent sans cesse

Au saigneur du liquide blanc

Il ne reste plus de femmes prudes sur nos *bancs*

Quand je sais que la valeur de celle noire

Est ensevelie dans un trou béant avec un linceul noir

Min wè zon ?

Instinct noir instinct conscient

Par la face calme de tes filles

Amours et libertés fixes

Par l'action brutale de tes fils

Mensonge et égoïsme

Par la force des soldats de l'immoralisme

Corps et désirs

Animal féroce bête sauvage

Fils d'homme promène son désir

Sa folie le long des nuits sans nuages

Dans la rue des chiens couchants

Avec pénis en main, avec chant

A la bouche quand ta milice va au front

Fils d'homme perd au fond

La raison

Le désir appelle la folie du corps

Le corps attend qu'on comble son désir

Emmuré par corps et désirs du corps

En quête effrénée du plaisir

Il tête comme un bébé

Il lèche comme un hébété

Pendant que l'œil masculin-féminin

S'érige en caméra cachée

Pour détecter les passants cachés

Dans le dos de la nuit

Le major fait le tour

De la courbe intérieure dans la nuit

L'index à son tour

Joue à cache-cache

Avec l'ambassadeur du plaisir

De son côté, le douanier du plaisir

Goûte à la saveur des salives

Complot scellé, résistance sevrée

On convoque au tribunal des douceurs épicées

Kaya ba le bangala longtemps au serré

Yeux dans yeux, bouche dans bouche hydratée

Pubis contre Mont de Vénus

Kaya ba le bangala immergé

Gémissements et aboiements mélangés

Une chanson polyphonique d'or ruisselle

Quand la vedette nue chancelle

A la fin des fins la conscience est restaurée

Ève accuse Adan d'agent de l'immoralité

Le regret à la cime, les pleurs fusent

Et instinct noir instinct conscient

N'en sort point innocent

La nouvelle Jérusalem

Les habitants de Jérusalem ont un dieu à la poitrine parée de nichons

Là-bas, dieu est une femme qui dicte ses lois

Les épigones lui consacrent louanges d'une même voix

Mais ils sont très souvent victimes de la fureur de sa colère

À Jérusalem, Dieu est un politique qui possède un parti de prédilection

Lui et ses lèvres accouchent une rhétorique de défense

Contre les potentiels révoltés à l'ère des élections

Les menaces marchent aussitôt le long des jours de défense

À Jérusalem, Dieu fait virtuellement des bénédictions

Heureux les riches de poche, ils seront guéris,

Forment les vers de son crédo

Il fallait donc des papiers violets au front pour une intercession

Pouvaient voir les aveugles, bondir les boiteux, applaudir les manchots

À Jérusalem, les loges sont réservées aux nantis dans le temple

On y décharge ceux qui sont chargés de biens les plus amples

On y paupérise davantage les prolos nourris d'espérance

Le livre de vie est désormais vu comme le pamphlet des expériences

LMD EN PANNE

Je l'épouse aussi, a dit ma Patrie

Est-elle sûre d'éduquer ce fils adopté

À la lumière de sa mère patrie ?

Est-elle sûre d'assumer ses responsabilités ?

Détrompes-toi Vert- Jaune-Rouge

Ce n'est ni question de" Da sein ni histoire du Niihile"

Mais mal, Elle nie de façon habile

Cette vérité, embrasse cette Esthétique et jette son dévot

Sur ce fils à papa. Résultats coup d'épée dans l'eau

Détrompes-toi Vert- Jaune-Rouge

Quand je réalise que déjà aux Premiers

Feux de l'aurore, tu soufres trop tôt, sans Nier

De :

Manque d'Amphithéâtres

Manque de Médiathèques

Manque de Professeurs

Manque de Matériaux

Sans aucun remord, Cette union est une Chimère-utopie !

Détrompez- vous Vert-Jaune-Rouge et tes Sosies

Quand je vois tes enfants passés des nuits blanches dans le Souci

D'avoir Siège pour le théâtre du Matin

Quand je pense à ces enseignants esquintés en Vain

Par l'essaim de copies à corriger

Sans aucun dédain, je déclame haut fort, c’est du leurre !

Il incombe à vos Pères d'exhiber leurs

Compétences pour soigner votre Myopie

J'ACCUSE

Autour des Décideurs nationaux se forme un essaim

De chômeurs Diplômés, un parterre

De jeunes observant une Récré académique pour cause budgétaire

Qui embrassent euphoniquement la voie de la misère

Et la *course au pain quotidien* s'avère

Un devoir

Oisifs passifs ils volètent pour les AGR. Résultat, coup d'épée dans l'eau

Gavés par la routine de la vie de boy, certains tissent un pacte de sang

Avec *kennensi* et vivent à la merci de ce vent nouveau

D'autres désertent pour rejoindre à coup sûr Élan

Le ciel jette un regard accusateur sur Vous, *THOMAS*

Vous pensez donc vous le savez, Ça s'appelle mauvaise foi

Hier, les dieux politiques d'aujourd'hui ont pleinement joui de la bonne Foi

De la peau blanche pour réussir leur vie

Paradoxal ! Voilà que déjà

À l'aube nouvelle, les tigres proclamant leur fureur

Collant aux basques le fauteuil du roi, ôtent aux leaders

De demain cette Aumône

Comment voudrez- vous que vos héritiers portent haut le flambeau

S'ils sont enfermés avec un lion affamé dans un cachot

S'ils ont perdu le droit à la parole ?

Avez- vous oubliez qu'à la dernière heure, vous serez sans Rôle ?

La vie des natifs est dans votre main. Alors warum nicht... ?

Orphelins de père et/ ou de paix

Tant d'années d'espoir ont conçu mon pays

Tant années de bataille ont bâti sa liberté

Et te voilà terre d'espérance persévérance

Te voilà terre d'hospitalité bonté

Grandie à l'ombre des propos de ton père

Tes enfants, ayant goûté au lait de tes vertus

Vivent la cohésion vraie et l'unité parfaite

Tes enfants méconnaissent franchement l'apartheid

Les *akans* chantent *akwaba* aux *krous*

Les *bétés* mettent le plat dans le plat des *yacoubas*

Les *sénoufos* mettent de l'eau dans le vin des *baoulés*

Puis l'hymne de la bienvenue s'exécute pour le premier venu

C'était une véritable paix avec le Père !

Passé au trépas, tes enfants sont restés orphelins

Orphelins de père, orphelins de paix

Les bêtes sauvages se chamaillent pour l'héritage du siège

Elles soufflent le vent de la colère dans les horizons de ta chair

La division gangrène la famille et tes enfants connaissent le trouble

Quand vient l'heure du *vote des bêtes sauvages*

Tu saignes toutes les larmes de ton corps des âges

Par milliers, tombent des corps innocents à perte de vue

Par milliers, coulent des cadavres dans les rues

Désormais, *pères contre fils, mères contre filles*

On s'entretue au sein de la même famille

Quand tu pleures, ces tigres s'en foutent. Leur but c'est la cible visée

Faire le mal pour le bien, il y'a rien de mal en cela

Le mal perdure et la destruction installée

Cible atteinte, méfiance *restaurée*

On cherche à reconstruire la paix du pays

Un pays malade des blessures de crises

Un pays marqué par les plaies d'un passé récent

Voilà les artistes à la tâche pour consolider la paix

Onel appelle à pardonner sans hésiter pour éviter le chao

Les comédiens jouent la comédie pour éviter le sang versé

Les humoristes font de l'humour pour la réconciliation

Tandis que ton peuple porte encore les cicatrices des trois plaies...

Bienvenue à la diplomatie et l'urbanisation, bonjour aux plaintes

Les agriculteurs pleurent la baisse du prix des matières premières

Les commerçants pleurent la hausse du prix des produits finis

Les enseignants dans une désunion sont sans lasse des grévistes

Au sein de tes bergers, terre natale, règne la discorde la haine

Les uns mécontents disparaissent puis reparaissent

Les autres en désaccord s'allient puis se désallient

Te voilà enfin anxieuse quand tu réalises qu'ils désirent

Coller aux basques l'héritage du siège

Te voilà craintive dans une folle dépression

Quand tu penses à l'heure d'élire

Alors une question gouverne ta pensée

Orphelins de père et /ou de paix ?

Un seul cœur, Une seule âme pour une patrie sereine

Aquilon venait de passer sans erreur

Mais il entraîna les enfants de la patrie dans une extrême fureur

Centres culturels, Espace de paix, pays de la connaissance

S'étaient altérés en de véritables champs de bataille

Les uns manifestaient le goût d'affronter en taille

Considérable les coupables consciences

Pierres, gourdins, canons en l'air

Motivés par les mots valises des ennemis de la partie

Les fiers artisans entonnaient des chants de guerre

On entendait d'eux

Non à la dictature

Non à l'impérialisme

Non à *la démocratie erronée*

Allons-y arrachez la liberté à ceux

Qui l'emprisonnent entre quatre murs

Armés jusqu'aux dents, prêts à croiser le fer

Avec les anges de l'enfer

La terre sereine attendait avec passion

Le sang qui nourrira son ambition

Le ciel soucieux coulait un fleuve de larmes

Dieu serait peut-être mort pour regarder muet

Le massacre des innocentes âmes

Le Nord prenait pour cible le sud,

L'Ouest avait l'Est pour adversaire

Désormais, régionalisme définissait la politique

Coup de Gong, coup de tonnerre, c'était l'heure critique

La terre avait ouvert sa gueule qui lui sert

De palais pour avaler à flot le sang

Quand Zéphyr souffla, On entendit la voix du vent

Fiers artisans, fiers bâtisseurs de la patrie !

Jamais ça dans notre belle patrie

Modèle pour ses voisines, elle se veut sereine

Mille et une mains autour de la jarre ont bâti mon pays

Mille et une forces unies ont conçu la paix de mon pays

Quand chante le coq au petit jour, bâtissons une paix de nouveau

Quand souffle Aquilon avec, gardons la sérénité du cœur

Levons-nous pour construire la patrie en chœur

Que tu sois du nord ou du sud, c'est le même drapeau

Que tu sois de l'ouest ou de l'Est,

Nous sommes condamnés à vivre ensemble

Rose du mal

Je ne suis guère mécontent d'un père

Présumé cynique parce qu'il a commis un crime peut-être amer

L'heure a sonné, dit-il, fils ! Tu dois connaitre la terre de tes aïeux

Malgré mon affinité avec la terre natale et ceux

Qui me sont si chers, j'ai dû m'en aller

Sous l'influence du seigneur comme un cavalier

Solitaire. L'Amie de cœur inconsolable, l'Acolyte de chœur éploré

Franchi le seuil de la terre promise

J'ai cru, dès l'aurore, que les progénitures mises

En sa maison jouissaient de ses ressources

Sans avoir dans l'esprit que la source

Pourrait tarir. Vieux comme jeunes embrassent la Culture

Hommes et Femmes vont chez Mathieu pour donner cours à la nature

Chaque vacancelle

Trêve d'illusions ! Plus d'apologie à faire

Le sort fut jeté, ce fut à chaud un forfait

Tout pâle au bal du mal, je crois pouvoir m'asseoir

Pour jeter un "au revoir"

À ces gens qui me revoient...

Ô pauvre quidam sans recours !

Mes yeux rivés vers le ciel ignorent les supports de cours

Même assis au théâtre, vide intestin,

Mon esprit se retire de la foule telle le divin

La nuit une faim torride nuit à mon sommeil

Que je voudrais pépère

Mais, je n'accuse ni la fontaine du mal ni les dieux de la connaissance

Le tout, c'est toi, Providence !

À une fée

Au chevet du lit un mot au réveillon
Une fée demande ma plume de salon
Je ne suis point Baudelaire
Mais j'écris quand même dans l'air
Rafraîchi où germe une impalpable rosée
À l' Aurore, une ode revêtue d'arts de musée
Assis au milieu de la nuit, une étoile perça
La voûte bleue puis la nuit cessa
Les ténèbres ont disparues
Quand la femme soleil cligna son œil nu
La foudre de son regard réduit les sieurs
À cligner fastueusement les yeux
Et sous les malices de sa main d'athlète
Les sieurs goûtent aux délices de la vedette
Glorieuse d'une rude jalousie de la plus belle
Ils désirent tous avec ardeur rouler une pelle
Mais l'intensité de la Glorieuse Lumière Noire
Atteint son apogée et les sieurs noirs
Demeurant crispés comme un extravagant

Perdent la langue et l'action. S'inclinant

A tes pieds, ils louent ta beauté majestueuse

Convoitant le cœur doux l'âme joyeuse

De la perle africaine, ils demandent sa main

Plus calme que l'aube naissante de demain

La Glorieuse attend patiemment le glorieux prince.

Sourire, ma douce folie ...

Le regard de ton sourire est une foudre

Les éclats, une flèche perçant le cœur des sieurs

Les éclats, un feu commandant le cillement des yeux

Une Ombre, Une Silhouette, Une Carrure, puis Un sourire

Le sourire me zieuta, ma muse s'éveilla, ma plume mûrit

J'ai eu envie d'écrire en lettres d'or sa joliveté

J'ai eu envie de décrire ton sourire sculpté

Mais vainement

Il m'avait déjà envoûté, je contemplais comme un extravagant

Je flairais l'odeur appétissante de ton sourire le temps après la pluie Mito-

Je goûtais à la saveur de ton sourire beau comme dieu Baba

Oh sublime gracieux sourire, ma douce folie !

Toi qui commande les vagues de l'océan rougie

Toi qui fait naitre la sensation de se fondre à terre

Ouvres les oreilles pour entendre le ruissèlement des artères

Ma Lambourde

Elle est si belle !

Belle que toutes ces beautés imaginaires de ce jardin d'ombelle
Ce cercle d'or meublé de rayons du soleil
Demeure la lumière qui illumine mon sommeil
Dans la pénombre

Ce Lait à la saveur mielleuse
Est mon remède quand je m'enfonce dans un fleuve de larme
Pour cause une situation fielleuse
Ô toi ma mère ! Tu es le seul refuge de mon âme

Combien de fois dois-je te dire que tu es si importante
Pour cette foi de temps en temps tremblante
Je le dirai mille jours, mille nuits
Sans lasse. Ça ne suffira guère pour me nuire !
Ça ne suffira guère pour en être hypnotiser !
Ça ne suffira du tout pas pour en abuser !

Ô toi sel de vie ! Tu es ma forteresse
Car, ton sourire candide, garni d'amours maternelles
Et tes Saintes mains rassurent une protection future
Ici-bas, à cette vulnérable progéniture

Amavi,

J'ai confié au soleil un mot de deux syllabes

Il te transmettra une lumière à l'heure où blanchit l'aube

J'ai confié à la forêt un message

Elle te transmettra l'écho au couchant

J'ai confié à l'océan une parole de sage

Elle te fera entendre une pluie de voix au levant

Vêtis d'habits de noce, ils seront au rendez-vous

Soit attentive au charme de leur éloquence

Amavi,

Les habitants du ciel prosternés louent ta beauté, déesse !

Ils m'envoient illuminer le chemin

Qui te conduira au séjour du maître de tes jours, déesse !

Et sous la brise du soir, le voilà devant toi couronné d'étoiles

Pour la bénédiction nuptiale

Main dans la main, vous valisez au rythme du chant continental

C'est le temps, de savourer les délices des baisers noirs

C'est le temps, de lier vos âmes dans l'air rempli de gémissements

Viens vedette, Suis la silhouette du vent qui gémit dans la forêt

Amavi,

L'âme de ton âme t'offre une chaire de verdure

L'âme de ton âme n'attend que toi pour avoir une arme dure

Par sa parole, l'arbre fétiche compose des Psaumes sur la cithare

Par sa parole, les colombes entonnent des Cantiques avec la Kora

Femme de sculpture

Femme à la peau argile

Femme au sourire soleil

Ouvres la porte de mon royaume pour que mon esprit trouve la complétude

Amavi,

Ton regard bleu expose l'origine de ta personne

Tu viens de l'océan et tu habites la berge pour garder la souplesse de ta *personne*

Qui fait trembler ciel et terre

Oui ! Tu as habité le ventre de la mer

Mais aujourd'hui, elle t'a mise au monde pour la fine fleur

Mystère d'un silence

Étendue d'eau salée qui baigne la peau de la terre !

Tout seul, j'y étais

Dans l'intimité du silence, le lyrisme des vagues m'étourdissait

L'étoile du système solaire

S'offrait à moi sans requérir de *salaire*

En retour, je lui présentais mon crâne qu'elle flambait

Puis, une vague de fraîcheur passa dans un vent doux

Je fus transposé dans une atmosphère surnaturalisée

La nostalgie, ma douce mélancolie, s'est présentée

Je vis une lèvre noire imbibée de roux !

C'était une perle d'Afrique impassible

Une forme guitare ne laissant personne insensible

On la côtoie, je la côtoie. Mais je suis sorti héros

Sans savoir que j'avais embrassé le chemin du grand zéro

Tout allait tellement beau que j'oubliai la parole de sagesse

Pour obéir naïvement à celle du cœur

Et, je m'en foutais de ce que les gens puissent dire

Nonobstant les vices de la perle d'Afrique

Je choisis aveugle l'amour pour mourir

Je choisis la laideur pour qu'elle fût esthétique

Je choisis la misère pour qu'elle fût heureuse

Je choisis la patience pour qu'elle fût amoureuse

Voilà qu'à l'aube pascale, je réalise que ma panse

S'était nourrie d'illusions

Derrière cette perle d'Afrique se cache le venin de la destruction

Qui suce jusqu'à la moelle des os

Je suis une proie, je suis la victime !

Je suis fini, je suis jeté dans l'abîme...

Le jour a disparu, le sourire du cœur s'est éteint...

Il coule à l'intérieur un flot de liquides, les larmes d'un cœur éteint

Les larmes de sang qui écrivent sur l'écran de ma Raison

Maman avait raison

STELLA,

Je ne suis point Luther, mais j'ai fait un rêve aujourd'hui pour demain

Le prince du royaume cherche avec véhémence et foi la sublime Main

De la plus rare des perles, il croit qu'elle assurerait la sérénité de son Âme

Loin de lui, Stella dit à l'homme à la tête couronnée "sèches tes Larmes

Mets ta confiance en la providence, Tout se passera bien"

STELLA,

Femme noire à la peau d'ébène, Femme aux yeux Ciel

Ô toi Femme à la bouche goût de Miel

Ton regard panthère élève mon Esprit par-delà les vallées

Par-delà les plaines, par-delà les montagnes

Et au-delà des océans, habite mon corps. Je cesse ainsi d'être Peigne-Cul

STELLA,

Le jour meurt, la nuit tombe, l'obscurité prend le dessus, les ténèbres naissent

Franchis le seuil de l'empire pour que jaillisse la lumière du Jour

Viens, ne tardes pas, avances à pas de zèbre, à pas de loup

Présente à ton prince charmant, sur un plateau d'or, la rose des vents

Que dans la complicité du silence, tu écoutes sa voix dans le vent

Qui chante la litanie de la Sainte pour toi

Femme aux vertus de la Sainte !

Tu es ma tour d'ivoire

Tu es ma tour de David

Tu es mon étoile du matin

Tu es mon soleil nocturne

L'heure a sonné, descends au palais royal Pour occuper la présidence de la Reine

STELLA,

Si le père de Moïse me demandait de porter son Evangile à l'humanité

Je lui dirais, Abbas PÈRE, ne m'enlève pas STELLA, le modèle de l'humilité

Quand je sais que sa PAROLE demeure en moi

Quand je sais qu'elle portera de fruit en moi

Quand je sais qu'il m'accorde tout ce que je lui demande

Dans une allégresse indescriptible, j'adresserai une demande

En mariage à STELLA

À L'AMI AIMÉ

Sur la cime de ma plume, on lit Baï !
Sur le faîte de ma pensée, je vois un Noir au cœur assagi !
Les souvenirs gardiens de l'homme me reviennent elégiaquement
Le doux sec vent de décembre nous accompagnait
Les matins de l'aurore gaiement
Le placalidrôme de la bâche bleue se révélait
Comme une Trêve épicée avant d'affranchir le seuil lycée

J'ai sans doute la mémoire noire pour les Pensées moins roses
Mais je sais ma mémoire claire pour les Pensées plus roses
Je me souviens
La dégustation mêlée du comique faisait la galerie de nos jours cher
Les dommages de la galère, on subissait ensemble dans la chair
L'élan de la réussite constituait le chemin, le poids qu'on avait de lourds
Le crédit que tu m'accordais, ami fidèle, faisait des jaloux
Parce que j'étais élevé au rang des maîtres de valeur
Quand il m'arrive de douter de Moi, toi ! tu crois toujours en ma valeur
Ami aimé, frère choyé, compagnon adoré
Qui n'a guère hésité de vendre sa tête pour sauver mon ventre
Qui souffle le rire là où la colère a serré
Les ventres
Qui a épousé la balance pour le règne de l'égalisation
La perle des lumières proclamera sans déclin l'action
De tes crédits et ses enfants auront recours à toi, visière de Sagesse

Nostalgie

J'ai la nostalgie quand je me rappelle

Ce Sacré jour où la famille attachée à la croix commémore la sainte scène

Indifférente aux critiques de ces filles, qui voient en cela du Folklore

La mère vit sa foi authentique en méditant avec confiance et fierté

L'Ecriture de la semaine sainte

J'ai la nostalgie quand je me rappelle

Ce jour là encore, mes pairs

Unis autour du vin de palme

Accompagnés des chants exécutés par"" AWOKO

Célèbrent leurs retrouvailles. Ainsi chacun se souvient du bon vieux temps

J'ai la nostalgie quand je me rappelle

La veille où réunis autour du feu pascal

Le vieillard NãNã nous racontait

Dans un récit romantique et imaginaire" Le Pourquoi"

Le peuple noir baoulé s'intéresse autant à La Pâques

J'ai la Nostalgie quand je me rappelle

Ce soir là où Ma famille mixte écoutait avec gaieté et liesse

Mon père entonné la Litanie clanique de son épouse

Race noire, Femme noire, Femme buffle...

Séduite par cette ode nouvelle

Elle nous disait leur idylle dès l'aube nouvelle

LA MORT

Amie intime, Compagne fidèle, Disciple serviable !

Tu es la seule Créature pratiquant avec impétuosité les vertus Théologales

Parce que, dans la confiance , tu offres à toute espèce de la nature

Ton service

Même si, celle humaine méconnait ta bienfaisance et te prend pour vice

Un cynique oppresseur, tu restes notre soutien omniscient omnipotent

Dans la couche juvénile

Tu tends tes mains pour sauver les malheureux

Voués au malheur d'un destin malheureux

Du péché originel et des vices du monde des orgueilleux

Ces égoïstes Hommes passent des nuits noires,des jours ombreux

À ne verser que de larmes

Comme si un couteau se mouvais dans la plaie de l'humanité

Chez les vieillards, Tu apportes aux vulnérables avilis par la souffrance

Des âges, un grand- profond repos et ta bienveillance

Au moins ici, ces Narcisséens t'en savent bon beaucoup gré

Les soirées funéraires, les commémorations funéraires font de gré

Leur apparition et la perversité prend le devant

La bonté et le cœur n'existent que de vent

Désormais

À l'Eglise, Tu es le seul chemin qui conduit dans l'au-delà

Par toi, le mystère de la foi s'est enraciné. De là

Les membres du Corps du Christ nourrissent

En eux l'espoir d'une résurrection.

Par toi, ils reçoivent le Soutien des Saints qui banchissent

L'ombre de la sainte nation

Ô Mort !

Princesse à puissance incommensurable

Canal incontestable et incontournable

Du salut Eternel. Serviteur infaillible

Consolateur irréversible

Des miséreux, Prière de pardonner à l'espèce humaine sa mauvaise foi envers toi

Léthargie ou Fatalité

C'est de cette créature que parlait mère

C'est de cette créature que parlait père

La conduire à temps devant le maire

La conduire avec allure au pied du père

Voilà la volonté des miens pour qui elle vaut

La synthèse du révolu et du nouveau

La volonté des miens fécondant ma volonté

Nous irons demain à l'aube accomplir ce devoir

C'était la décision prise. Une décision pour leur vouloir

Jamais on ne donnera du fiel à un fils qui voudrait du miel

Mais mal, l'horloge fit échos et le Sinistre fit chemin

J'entendis une légion de voix brisé la paix du matin

J'entendis le chant de lamentations gagné l'univers...

Un corps élégamment habillé, allongé tête vers

Le couchant, au pied du levant les pieds

Bras au long du corps, narines enfouies de coton

Plongé dans un sommeil du bébé de laitière

Il n'eut plus de flair pour l'haleine

Tout semblait à l'art pour l'art autour du corps. Il était une poésie taillée

Je m'approchai mais il était inerte. Je l'appelai mais il était sans parole

Une léthargie, disais-je ! Sors de là, c'est l'heure de jouer notre rôle

Ils sont tous déjà là-bas à attendre que nous deux, ce jour de gloire

Ils sont les parents, ils sont les amis, ils sont les ennemies vêtis de gloire

Ils sont les faiseurs de ballet africain, ils sont la Céciliène prêts

Pour faire chaleur dans les corps

Ils sont les casseroles épicées, ils sont les bouteilles pleines ...

Réveille-toi ! C'est l'heure de faire ensemble le même chemin...

On me tapotait l'épaule quand un glaive me transperça

Une larme de mes yeux fit chemin pour embrasser

Les yeux clos de la dulcinée étendue. C'était un dernier baiser

La fatalité envieuse jalouse avait fait d'elle une poignée de poussière

Un dernier mot

Écrire un dernier mot à l'encre du sang de mon cœur !

Écrire un dernier mot à l'encre des larmes de mes yeux !

Pour laisser sur les mémoires immaculées une tache de souvenirs

Pour laisser un message au chevet de ton lit souterrain, l'éclipsé Ami

Si tes pairs pleurent, *Vetcho !*

S'il coule du fonds des *Âmes Sœurs* des larmes chaudes

Ce n'est pas parce que la mort est haïssable

Mais parce qu'elle t'a enlevé trop tôt aux tiens

Et tu n'as pu jeter un au-revoir aux tiens

Mais parce qu'elle n'avait pas le droit de t'amener loin des pairs à cette Heure

Autour de ton corps inerte allongé, on attend les amis qui pleurent !

Autour du baobab déraciné, on attend les parents qui pleurent !

Même si la mort n'efface pas les souvenirs, accorde-moi de te dire un dernier mot

Tu n'es pas mort !

L'ami aimé a effectué un voyage dans la royauté de gloire

L'ami aimé nous y a devancé pour obtenir siège de gloire

Les rivières que j'ai pleurées t'offrent chemin pour l'au-delà

Le sol te soit doux ! Le ciel te soit mou ! Soit choyé dans l'au-delà !

Printed by Books on Demand GmbH, Norderstedt / Germany